Rheinisch-Westfälische Akademie der Wissenschaften

Natur-, Ingenieur- und Wirtschaftswissenschaften   Vorträge · N 393

Herausgegeben von der
Rheinisch-Westfälischen Akademie der Wissenschaften

KLAUS KIRCHGÄSSNER

Struktur nichtlinearer Wellen
– ein Modell für den Übergang zum Chaos –

Westdeutscher Verlag

378. Sitzung am 6. November 1991 in Düsseldorf

Die Deutsche Bibliothek – CIP-Einheitsaufnahme

Kirchgässner, Klaus:
Struktur nichtlinearer Wellen : ein Modell für den Übergang zum Chaos / Klaus Kirchgässner. – Opladen : Westdt. Verl., 1992
  (Vorträge / Rheinisch-Westfälische Akademie der Wissenschaften: Natur-, Ingenieur- und Wirtschaftswissenschaften ; N 393)
  ISBN-13: 978-3-531-08393-3   e-ISBN-13: 978-3-322-88192-2
  DOI: 10.1007/978-3-322-88192-2
  NE: Rheinisch-Westfälische Akademie der Wissenschaften <Düsseldorf>:
  Vorträge / Natur-, Ingenieur- und Wirtschaftswissenschaften

Der Westdeutsche Verlag ist ein Unternehmen der Verlagsgruppe Bertelsmann International.

© 1992 by Westdeutscher Verlag GmbH Opladen
Herstellung: Westdeutscher Verlag

ISSN 0066–5754
ISBN-13: 978-3-531-08393-3

Inhalt

Klaus Kirchgässner, Stuttgart
Struktur nichtlinearer Wellen
– ein Modell für den Übergang zum Chaos –
1. Einleitung 7
2. Oberflächenwellen 10
3. Dispersion und Reduktion 13
4. Normalformen und Ergebnisse 17
Literatur 21

Diskussionsbeiträge
   Professor Dr. rer. nat., Dr. sc. techn. h.c. *Bernhard Korte*; Professor Dr. rer. nat. *Klaus Kirchgässner*; Professor Dr.-Ing. *Martin Fiebig*; Professor Dr. rer. nat., Dr. h.c. mult. *Friedrich Hirzebruch*; Privatdozent Dr.-Ing. *Vasanta Ram*; Professor Dr. rer. nat. *Tassilo Küpper* 22

1. Einleitung

In diesem Vortrag untersuchen wir am konkreten Fall nichtlinearer Wasserwellen, ob die Existenz chaotischer Szenarien durch approximative Verfahren nachgewiesen werden kann. Bekanntlich hat das neuerliche Interesse an der Klärung der Ursachen der Turbulenz auf der Grundlage von Einsichten, die in der Theorie der dynamischen Systeme entstanden sind, von einigen wenigen Arbeiten seinen Ausgang genommen. Dazu zählt die Arbeit von E. N. Lorenz [9] ebenso wie die programmatische Arbeit von Ruelle-Takens „über die Natur der Turbulenz" [12].

Lorenz behandelte ein niedrigdimensionales Modell der Konvektionsströmung in einer der Schwerkraft unterworfenen Schicht, die von unten erwärmt wird, das sogenannte Rayleigh-Bénard-Problem. Er berücksichtigte in einer Fourier-Entwicklung für die Stromfunktion ψ und die Temperatur T nur drei Moden ($\overline{M} = 1, P = 2$)

$$\begin{pmatrix} \psi \\ T \end{pmatrix} = \sum_{\substack{1 \leq m \leq \overline{M} \\ 1 \leq p \leq P}} \begin{pmatrix} a_{mp} \\ b_{mp} \end{pmatrix}(t) \begin{pmatrix} \sin \frac{2mx}{\lambda} \\ \cos \frac{2mx}{\lambda} \end{pmatrix} \sin p\pi z$$

und gelangte so zu dem nichlinearen Problem

$$\dot{a} = -\sigma a + \sigma b, \quad \dot{b} = -ac + ra - b$$
$$\dot{c} = ab - \tfrac{8}{3} c, \quad r = Ra/Ra_c, \quad \sigma = \text{Prandtl-Zahl} \qquad (1.1)$$
$$a = a_{11}, \quad b = b_{11}, \quad c = b_{12}, \quad Ra = \text{Rayleigh-Zahl}$$

Das Lorenz-Problem (1.1) und seine komplexe Dynamik spielte in der Folgezeit eine große Rolle bei der Untersuchung niedrigdimensionaler Modelle und bei der Entdeckung universeller Szenarien zur Entstehung von Chaos. Außerdem hat es eine Reihe von Versuchen gegeben, andere, auf der Grundlage der Navier-Stokes-Gleichungen stehende, niedrigdimensionale chaotische Systeme zu analysieren (vgl. Franceshini et al. [4]). Allerdings stellte es sich heraus, daß das für (1.1) in gewissen Parameterbereichen berechnete chaotische Verhalten der Lösungen nicht robust gegenüber realistischen Erweiterungen des Modells in Richtung größerer Auflösung der räumlichen Struktur ist, zumindest so lange der zweidimensionale Charakter des Modells nicht aufgegeben wird (cf. Curry et al. [2]).

In neueren Arbeiten mit Amik [1] und Iooss [5] haben wir gesehen, daß gewisse Phänomene in der Theorie der Wasserwellen, u. a. die Existenz chaotischer Szenarien und die Existenz von Solitärwellen, für kleine Oberflächenspannungen offenbar „flache Phänomene" sind. Es stellte sich so die natürliche Frage, ob es mathematisch nachweisbare chaotische Szenarien überhaupt gibt für die aus ersten Prinzipien ableitbaren Grundgleichungen der Strömungsmechanik. Über diese Frage will ich hier sprechen.

Um die Problematik klarer zu umreißen, versetzen wir uns in einen Beobachter, der einen kleinen schwimmfähigen Gegenstand in einen ruhigfließenden Fluß geworfen hat, dessen Strömungsfeld durch $\underline{u}(\underline{x}, t)$ beschrieben wird. Die Trajektorie $\underline{x}(t)$ mit $\underline{x}(0) = \underline{x}_0$ wird bestimmt als Lösung der Differentialgleichung

$$\dot{\underline{x}} = \underline{u}(\underline{x}, t)$$

Sie kann, wie wir wissen, chaotisch sein, obwohl das Feld $\underline{u}$ laminar ist, ein Vorgang, der bei Mischproblemen von Bedeutung ist und als advektive Turbulenz bezeichnet wird.

In dieser Arbeit behandeln wir jedoch die chaotische Natur des Feldes $\underline{u}$ selbst als Lösung der zugrundeliegenden Erhaltungsgleichungen. Dabei untersuchen wir einen technisch besonders einfachen Fall, der, obschon er bis vor kurzem ungelöst war, doch auf der Grundlage einiger weniger, neuerdings gewonnener Einsichten mit elementaren Mitteln lösbar ist. Wir studieren permanente Oberflächenwellen, die unter Einfluß von Schwerkraft und Oberflächenspannung auf der freien Oberfläche einer reibungsfreien Flüssigkeitsschicht leben. Wir denken uns diese Wellen einer äußeren Druckwelle unterworfen und versuchen insbesondere, deren stationäre Wirkung zu ermitteln, wenn die äußere Welle periodisch ist. Faßt man z. B. eine Solitärwelle als homoklinen Orbit in einem unendlich-dimensionalen Raum der auf dem Querschnitt der Flüssigkeitsschicht lebenden Funktionen auf, also als eine Trajektorie, die vom Gleichgewicht des Ruhezustandes ausgeht und zu ihm zurückkehrt, so liegt die Frage nahe, ob der periodische äußere Druck zum transversalen Aufbrechen des homoklinen Orbits führen kann. Eine mathematisch fundierte positive Antwort würde den Nachweis des Poincaré'schen Weges zum Chaos für diesen Fall implizieren.

Es wird sich allerdings zeigen, daß diese Antwort nicht gegeben werden kann mit Hilfe von approximativen Gleichungen, welche die Grundgleichungen des Problems, nämlich die Eulerschen Gleichungen, in algebraischer Ordnung – bezüglich der Lösungsamplitude oder zugeordneter Parameter – annähern. Das Auftreten transversaler homokliner Punkte ist in diesem Sinne ein „flaches Phänomen". Es entsteht dadurch, daß der Winkel zwischen stabiler und instabiler Mannigfaltigkeit des gestörten Ruhegleichgewichts – ein Sattelpunkt im Phasenraum – exponentiell klein im Parameter ist. Dadurch können Schlüsse, aus numerischen Experimenten etwa oder auf Grund endlich dimensionaler Projektionen, nicht getroffen werden.

Diese Überlegungen gelten zunächst nur für das spezielle, hier untersuchte Problem der von außen forcierten nichtlinearen Oberflächenwellen, doch legt die Analysis auf Grund ihres Charakters eine umfassendere Gültigkeit nahe. Schließlich beruhen die Ergebnisse allein auf der Symmetriestruktur des Problems, der spektralen Natur der Linearisierung um den Ruhezustand und auf den Vorzeichen einiger weniger Koeffizienten.

Man kann diesen unbefriedigenden Zustand dadurch bessern, daß die Periode des äußeren Drucks als zusätzlicher Parameter eingeführt wird. Wählt man diese Periode hinreichend groß, so gelingt der Existenznachweis eines transversalen homoklinen Punktes mit allen Konsequenzen für die komplexe Struktur der nichtlinearen Wellen. Es sei noch erwähnt, daß man auch die Wirkung einer äußeren Druckwelle mit kompaktem Träger für kleine Amplituden vollständig analysieren kann (vgl. hierzu [8]).

Im nächsten Abschnitt wird das Problem auf der Grundlage der Eulergleichungen formuliert, und zwar durch Einführung der räumlich unbeschränkten Variablen als Evolutionsvariablen. Zwar ist das Anfangswertproblem in dieser Formulierung im allgemeinen nicht lösbar, jedoch zeigt ein Reduktionssatz, der dem Satz über die Zentrumsmannigfaltigkeit für gewöhnliche Differentialgleichungen entspricht, daß alle Lösungen mit moderater Amplitude auf einer endlich dimensionalen Mannigfaltigkeit liegen. Der Zusammenhang zwischen dieser Reduktion und den Dispersionsgleichungen – es sind die Bifurkationskurven im Parameterraum – werden im Paragraphen 3 dargestellt.

Endlich dimensionale Vektorfelder besitzen polynomiale Normalformen, die allein durch die Linearisierung und die vorhandenen Symmetrien bestimmt sind. Die Reduktion des vollen Problems auf eine Mannigfaltigkeit, deren Dimension der Dimension des zentralen Teils des Spektrums der Linearisierung um den Ruhezustand entspricht, erlaubt dann eine Anwendung der Theorie der Normalformen.

Im letzten Paragraph wird dieses Vorgehen am einfachsten Fall explizit demonstriert und die bereits oben angekündigten Ergebnisse werden gewonnen. Auf die mathematischen Begründungen für die verwendeten Verfahren, wie Reduktion, Nachweis der Persistenz und Charakterisierung von Normalformen, müssen wir hier verzichten. Der interessierte Leser wird auf die angegebene Literatur verwiesen.

2. Oberflächenwellen

Als Paradigma behandeln wir nichtlineare Wellen an der Oberfläche einer reibungsfreien Flüssigkeit, deren Dynamik durch eine äußere Druckwelle beeinflußt wird. Die Wellen entstehen im ungestörten Zustand durch die Wirkung der Schwerkraft und der Oberflächenspannung. Dieses letztere Phänomen allein schon war selbst für kleine Amplituden bis vor kurzem ungeklärt, viel mehr noch der von außen forcierte Fall. Ich werde hier zeigen, auf welchen einfachen Prinzipien die Lösung beruht, und welches Licht diese Analysis auf die in der Einleitung aufgeworfenen Fragen wirft.

Es sei also, wie in Figur 1 angedeutet, eine ebene, horizontale Schicht einer reibungsfreien Flüssigkeit gegeben, deren freie Oberfläche $y = z(x,t)$ eine Welle von permanenter Form beschreibt, also die Form $z(x-ct)$ hat. Eine äußere Druckwelle $\epsilon p_0(x - xt)$ tritt in Wechselwirkung mit der Welle. Welche Strömungsformen sind zu erwarten?

Für die Beschreibung dieses Phänomens sind die Euler-Gleichungen zuständig. Sie sind Galilei-invariant. Berücksichtigt man die Geometrie des Problems, so heißt dies, daß die Gleichungen durch die Abbildung

$$\underline{u}(x,t) \mapsto \underline{u}(x+ct,t) - c\underline{e}_1$$
$$p(x,t) \mapsto p(x+ct,t)$$

in sich übergehen. Also können wir in einem mitbewegten Koordinatensystem das Problem unabhängig von der Zeit beschreiben. Allerdings entspricht dann dem Ruhezustand im Unendlichen die Bedingung $\underline{u} = c\underline{e}_1$ für $x = \pm\infty$.

Solitärwellen, die uns hier besonders interessieren werden, sind Wellen, bei denen $\underline{u}(x,y) \to c\underline{e}_1$, für $x \to \pm\infty$ gilt. Sie entsprechen sogenannten homoklinen Orbits in einem unendlich dimensionalen Raum. Das sieht man wie folgt: div $\underline{u} =$

Figur 1

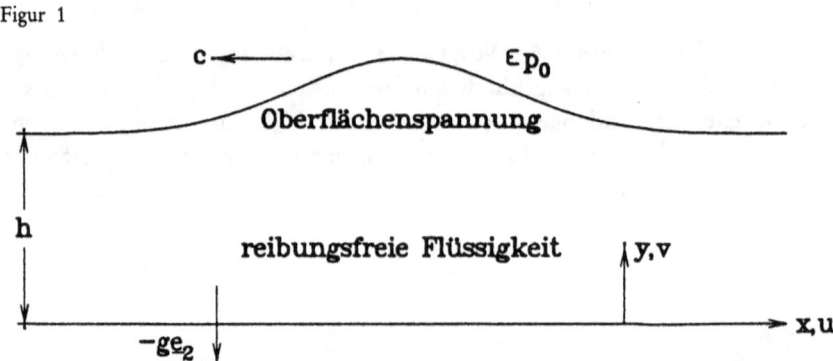

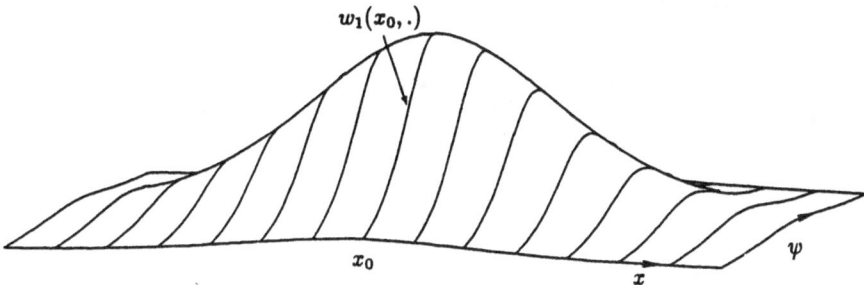

Figur 2

$\partial_x u + \partial_y v = 0$ ist die Bedingung für die Massenerhaltung. Integriert man diese Gleichung mit Hilfe der Stromfunktion ψ, $\nabla^\perp \psi = (\partial_y \psi, -\partial_x \psi) = \underline{u}$, so ist die obere und untere Begrenzung der Flüssigkeit eine Stromlinie, also $\psi = 0$ für $y = 0$ und $\psi = ch$ an der freien Oberfläche. Überdies gilt $\psi(x,y) = cy + r(x,y)$, wobei r klein wird mit den Störungen, welche die Wellen gegenüber dem Ruhezustand hervorrufen. Verwendet man ψ an Stelle von y als vertikale Variable, so entspricht dem unbekannten Strömungsbereich in Figur 1 das nunmehr bekannte Gebiet $\mathbb{R} \times (0, ch)$. Figur 2 zeigt eine mögliche Form einer Solitärwelle in diesen neuen Koordinaten. Die Abbildung

$$\mathbb{R} \in x \mapsto \underline{w}(x, \cdot)$$

ordnet jedem x den Wert des transformierten Geschwindigkeitsfeldes als Funktion von ψ zu.

$\underline{w}(x, \cdot) = (w_1(x,\cdot), w_2(x, \cdot))$ lebt also in einem unendlich dimensionalen Funktionenraum X, und eine Solitärwelle entspricht demnach einer Kurve, die für $x \to \pm\infty$ zum Ausgangspunkt $\underline{w}_0 = c\underline{e}_1$ zurückkehrt. Wir nennen sie homoklinen Orbit.

Dies legt es nahe, die räumliche Koordinate x als Evolutionsvariable zu betrachten und eine möglichst niedrigdimensionale Mannigfaltigkeit zu suchen, welche den homoklinen Orbit enthält. Es zeigt sich, daß dies möglich ist, wenn man sich auf Wellen moderater Amplituden beschränkt. Dann ist diese Mannigfaltigkeit sogar endlich-dimensional, und die ursprünglichen partiellen Differentialgleichungen können auf ein System gewöhnlicher Differentialgleichungen reduziert werden. Dieses enthält sogar alle beschränkten Lösungen des ursprünglichen Problems.

Ehe wir dieses Programm genauer beschreiben, noch ein Wort über die Symmetrien. Offenbar ist für $\epsilon = 0$ (unforcierter Fall) das Problem gegenüber Translationen in $x \to x + \gamma$ und Reflexionen $x \to -x$ equivariant oder: die Lage des Ursprungs und die Orientierung der x-Achse sind frei. Wir nennen diese Symmetrie die *Reversibilität*. Diese Reversibilität kann durch die äußere Druckwelle gebrochen werden.

Die Grundgleichungen schreiben wir in dimensionsloser Form, in dem wir h, c und ϱc^2 (ϱ = Massendichte) als Bezugsgröße für Länge, Geschwindigkeit und Druck verwenden. Die das Problem kennzeichnenden dimensionslosen Parameter sind

$$\lambda = ghc^{-2} = (\text{Froude-Zahl})^{-2}$$
$$b = T/\varrho hc^2 = \text{Bond-Zahl}$$
$$\epsilon = \text{Amplitude des äußeren Drucks}$$

Hierbei bezeichnet g die Schwerebeschleunigung und T den von der jeweiligen Flüssigkeit abhängigen Koeffizienten der Oberflächenspannung. Durch die weiter oben beschriebene Transformation $x \mapsto x$, $y \mapsto \psi$ geht der Strömungsbereich über in $D = \mathbb{R} \times (0,1)$, und es gilt $\underline{u} = (1,0)$ für $|x| = \infty$. Für ψ schreiben wir wieder y. Ferner verwenden wir folgende fast identische Transformationen ($|u - 1|$, $|v|$ klein)

$$2W_1 = u^2 + v^2 - 1, \quad W_2 = v/u$$
$$\beta = W_2|_{y=1}$$

und erhalten so für $w = (\beta, W_1, W_2)$ (cf. [8], p. 146 f.):

$$\partial_x \underline{w} = A(\lambda, b)\underline{w} + F(\lambda, b, \underline{w}) + \epsilon G(x, \underline{w}) \tag{2.1}$$

wobei gilt

$$(A + F)(\underline{w}) = \begin{pmatrix} \frac{1}{b}(1+\beta^2)^{3/2}(W_1(\cdot, 1) + \lambda([\hat{g}^{-1}] - 1)) \\ W_2 \hat{g} \partial_y W_1 - \hat{g}^3 \partial_y W_2 \\ \hat{g}^{-1} \partial_y W_1 + W_2 \hat{g} \partial_y W_2 \end{pmatrix}$$

$$G(x, \underline{w}) = \begin{pmatrix} \frac{1}{b} p_0(x) \\ 0 \\ 0 \end{pmatrix}, \quad \hat{g} = \left(\frac{1+2W_1}{1+W_2^2} \right)^{1/2}$$

Die spezielle Form dieser Gleichungen ist im übrigen von geringer Bedeutung. Es genügt die Linearisierung von (2.1) bezüglich $w = 0$ zu kennen und die vorhandenen Symmetrien. Die Form der freien Oberfläche ergibt sich aus einer Lösung von (2.1) durch

$$z = [\hat{g}^{-1}] = 1 - [W_1] + \frac{1}{2}[W_2^2 + 3W_1^2] + \ldots$$

wobei $[W] = \int_0^1 W \, dy$ ist. Das System (2.1) lautet im einzelnen

$$\partial_x \beta = \tfrac{1}{b}(W_1(\cdot, 1) - \lambda[W_1] + \epsilon p_0(x) + \ldots)$$
$$\partial_x W_1 = -\partial_y W_2 + \ldots \qquad (2.2)$$
$$\partial_x W_2 = \partial_y W_1 + \ldots$$

wobei die explizit angegebenen Terme niedrigste Ordnung in $\underline{w}$ und ϵ haben. Für $\epsilon = 0$ ist (2.1) reversibel, d. h. $A + F$ antikommutiert mit

$$R = \begin{pmatrix} -1 & 0 & 0 \\ 0 & 1 & 0 \\ 0 & 0 & -1 \end{pmatrix}$$

und ist invariant bezüglich $x \mapsto x + \gamma$. Die Reversibilität wird i. a. durch p_0 gebrochen. Wir behandeln (2.1) im Raum $X = R \times (H^0(0, 1))^2$ mit dem Definitionsbereich des Operators $A : D(A) = R \times (H^1(0, 1))^2 \cap \{W_2(0) = 0, W_2(1) = \beta\}$. Die technischen Einzelheiten dieser Betrachtungsweise werden hier unterdrückt. Den interessierten Leser verweisen wir auf [8, 5].

Prinzip: Die Gesamtheit aller beschränkten Lösungen von (2.1) mit moderater Amplitude wird bestimmt durch die Linearisierung $A(\lambda, b)$ um $\underline{w} = 0$, die vorhandenen Symmetrien und einige wenige Konstanten, welche das spezielle Problem charakterisieren.

Das Prinzip beruht auf der Reduktion von (2.2) auf ein System gewöhnlicher Differentialgleichungen, deren Normalform integrierbar ist. Allerdings muß die Persistenz der so gefundenen Lösungen nachträglich in jedem Einzelfall gezeigt werden.

Im folgenden werden wir dieses Prinzip begründen und an Hand des konkreten Problems verdeutlichen.

3. Dispersion und Reduktion

Das Spektrum Σ von $A(\lambda, b)$ besteht nur aus Eigenwerten und wird somit bestimmt durch die (nichttriviale) Lösbarkeit von

$$\begin{aligned} W_1(1) - \lambda[W_1] &= \sigma\beta \\ -\partial_y W_2 &= \sigma W_1 \\ \partial_y W_1 &= \sigma W_2 \\ W_2(0) = 0 \quad, \quad \beta &= W_2(1) \end{aligned} \qquad (3.1)$$

Eine leichte Rechnung zeigt, daß

$$\Sigma = \{\sigma \in \mathbb{C} \, / \, \sigma \cos \sigma - (\lambda - b\sigma^2) \sin \sigma = 0\} \qquad (3.2)$$

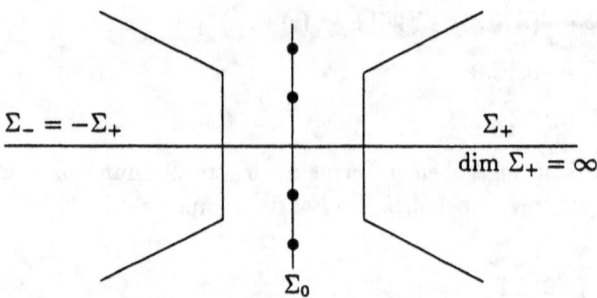

Figur 3: Lage der Eigenwerte von A, $\dim \Sigma_+ = \infty$

Man erkennt, daß mit $\sigma \in \Sigma$ auch $-\sigma \in \Sigma$ und $\bar\sigma \in \Sigma$ gilt. Ersteres ist eine Folge der Reversibilität. Auf der imaginären Achse $i\mathbb{R}$ befinden sich immer nur endlich viele Eigenwerte.

Beschränkte Lösungen von (2.1) mit kleiner Amplitude können nur existieren, wenn $\Sigma_0 := \Sigma \cap i\mathbb{R}$ nicht leer ist. Dramatische Änderungen des Lösungsverhaltens können daher nur für solche Parameterwerte eintreten, für die sich Σ_0 qualitativ verändert. Wir nennen die Kurven in der (b, μ)-Ebene ($\mu = \lambda - 1$), längs deren eine qualitative Änderung von Σ_0 sich vollzieht, *Bifurkationskurven*. Man erhält

Figur 4: Die möglichen Bifurkationen

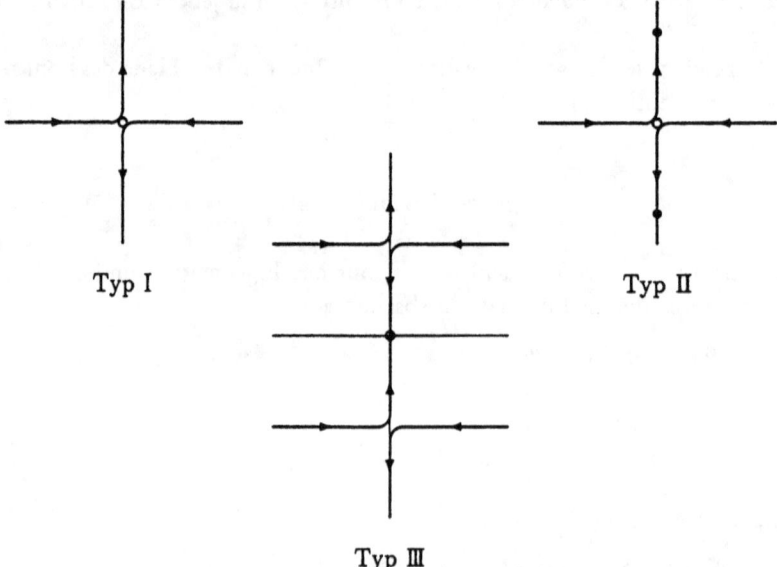

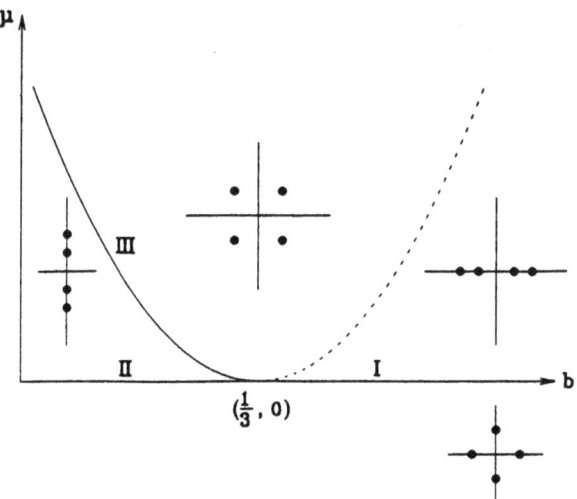

Figur 5: Lage der „kritischen Eigenwerte"

sie als Orte, wo $\sigma \in \Sigma_0$ eine doppelte Nullstelle der definierenden Gleichung in (3.2) ist.

Die Lage der Eigenwerte mit minimalem $|Re\sigma|$ in der Parameterebene gibt Figur 5 wieder.

Die Kurve III wird beschrieben durch eine Gleichung der Gestalt $\lambda = 1 + \mu(b)$, die aus (3.2) und ihrer nach σ differenzierten Form folgt. Auf III besteht Σ_0 aus zwei konjugiert komplexen Eigenwerten $\pm i\omega$ der Vielfachheit 2. Dies definiert einen Zusammenhang zwischen der Frequenz ω und der Geschwindigkeit c der Welle und damit eine Dispersionsrelation. Die hier vorliegende war bisher nicht bekannt. Sie ist in [1] zum erstenmal angegeben und in [6] partiell analysiert worden. Wir kommen im nächsten Paragraphen darauf zurück.

Für das Spektrum von A ergibt sich die natürliche Zerlegung $\Sigma = \Sigma_0 \cup \Sigma_1$, $\Sigma_1 = \Sigma_+ \cup \Sigma_-$ und die entsprechende Zerlegung $X = X_0 \oplus X_1$ für den Lösungsraum von (2.1). Dieses System zerfällt dann wie folgt

$$\partial_x \underline{w}_j = A_j(\lambda, b)\underline{w}_j + F_j(\lambda, b, \underline{w}_0 + \underline{w}_1) + \varepsilon G_j(x, \underline{w}_0 + \underline{w}_1) \tag{3.3}$$

mit $j = 0, 1$. Die Gleichung für $j = 0$ lebt auf X_0 mit dim X_0 = dim Σ_0. Ein allgemeiner Reduktionssatz besagt nun, daß alle Lösungen von (3.3), für die $\|\underline{w}(x)\|_{D(A)}$ für alle $x \in \mathbb{R}$ hinreichend klein ist, auf einer Mannigfaltigkeit M liegen, deren Struktur wir sogleich beschreiben. Dieser Satz ist in verschiedenen Stufen der Allgemeinheit im vergangenen Jahrzehnt bewiesen worden, zunächst für eine spezielle semilineare elliptische Gleichung in [7] und endlich als Basis für den hier vorliegenden Fall von A. Mielke in [10]. Wir verzichten hier auf technische und konzeptionelle Einzelheiten und verweisen den interessierten Leser auf die angegebene Literatur.

Der Reduktionssatz garantiert für festes $b > 0$ die Existenz zweier glatter Funktionenfamilien $m_1(\mu, \cdot)$ und $m_1(\varepsilon, \mu, x, \cdot) : X_0 \to X_1$, die auch in $\mu = \lambda - 1$ und $x \in \mathbb{R}$ glatt sind, so daß jede hinreichend kleine beschränkte Lösung von (2.1) bzw. (3.3) die Beziehung

$$\underline{w}_1 = m(\mu, \underline{w}_0) + m_1(\varepsilon, \mu, x, \underline{w}_0) \tag{3.4}$$

erfüllt. Hierbei gelten für $\mu, \varepsilon \to 0$, $\underline{w}_0 \to \underline{0}$ folgende Größenordnungen

$$m(\mu, \underline{w}_0) = O(\mu|\underline{w}_0| + |\underline{w}_0|^2)$$
$$m_1(\varepsilon, \mu, x, \underline{w}_0) = O(\varepsilon)$$

die letztere gleichmäßig in $x \in \mathbb{R}$ und in einer geeigneten Umgebung der 0 für $(\mu, \underline{w}_0)$. Überdies erbt m die Symmetrien von (2.1) für $\varepsilon = 0$, d. h., ist $R = R_0 + R_1$ die der Spektralzerlegung entsprechende Zerlegung der Reversibilität, dann gilt

$$R_1 m(\mu, \underline{w}_0) = m(\mu, R_0 \underline{w}_0)$$

Das gleiche gilt für die Translationsinvarianz bezüglich x.

Beide können durch m_1, also durch das Auftreten äußerer Kräfte, gebrochen werden. Es ist nun klar, daß man damit (2.1) vermöge (3.4) reduzieren kann auf eine Gleichung der Form

$$\partial_x \underline{w}_0 = A_0 \underline{w}_0 + f_0(\mu, \underline{w}_0) + f_1(\varepsilon, \mu, x, \underline{w}_0), \tag{3.5}$$

welche aus (3.3), $j = 0$, durch (3.4) entsteht. Dabei ist b fest und $\mu = \mu - \lambda_{cr}$, wobei (b, λ_{cr}) auf einer der Bifurkationskurven liegt, $A_0 = A_0(\lambda_{cr}, b)$. Für I und II gilt $\lambda_{cr} = 1$.

Es gilt $f_1 = O(\varepsilon)$, und für $\varepsilon = 0$ ist (3.5) reversibel bezüglich R_0. Das System (3.5) hat die Dimension dim Σ_0, ist also ein System gewöhnlicher Differentialgleichungen. Alle Lösungen von (2.1) mit moderater Amplitude haben eine Projektion $\underline{w}_0$, die (3.5) erfüllt. Vermöge (3.4) kann sie zu einer Lösung von (2.1) ergänzt werden. Es genügt also, (3.5) auf beschränkte Lösungen zu untersuchen.

Prinzipiell ist dieses Verfahren konstruktiv; denn m und m_1 können in jeder algebraischen Ordnung von μ, ε und $\underline{w}_0$ rekursiv berechnet werden. Doch bietet die Theorie der Normalformen einen eleganteren Zugang zur qualitativen Analyse.

4. Normalformen und Ergebnisse

Das Prinzip aus dem 2. Paragraphen kann nun an Hand von (3.5) verifiziert werden. Dies geschieht zunächst für $\varepsilon = 0$, indem man sich fragt, ob durch Einführung geeigneter Koordinaten im endlich-dimensionalen Raum, die Gleichung (3.5) auf eine für die Analyse geeignete, z. B. integrierbare Form gebracht werden kann. Dies ist die Frage nach der Existenz einer *Normalform*. Wir werden diese Transformation im einfachsten Fall, nämlich I, d. h. $\mu = \lambda - 1$, $b > 1/3$ beschreiben. Eine Normalform für $\varepsilon \neq 0$ ergibt sich hieraus unmittelbar, weil der führende Term $f_1(\varepsilon, 0, 0) \neq 0$ ist. Damit jedoch wird die vom Einzelproblem unabhängige Struktur dieses Problems deutlich.

Sei also $b > 1/3$, $\mu = \lambda - 1$; dann ist $\underline{\varphi}_0 = (0, 1, 0)$, $\underline{\varphi}_1 = (-1, 0, -y)$, und es gilt $A_0 \underline{\varphi}_0 = 0$, $A_0 \underline{\varphi}_1 = \underline{\varphi}_0$. Setzt man daher $\underline{w}_0 = \alpha_0 \underline{\varphi}_0 + \alpha_1 \underline{\varphi}_1$, so können wir A_0 und R_0 schreiben, wenn X_0 mit $\mathbb{R}^2$ identifiziert wird

$$A_0 = \begin{pmatrix} 0 & 1 \\ 0 & 0 \end{pmatrix} \quad , \quad R_0 = \begin{pmatrix} 1 & 0 \\ 0 & -1 \end{pmatrix}$$

Es gibt nun eine Charakterisierung der Normalform nach Elphick et al. [3] in folgendem Sinne: Gegeben $k \in \mathbb{N}$, $k \geq 2$, dann gibt es eine Umgebung U von 0 in $\mathbb{R}^2$ und einen polynomialen Diffeomorphismus in U der Form $\underline{\alpha} = \underline{a} + P(\underline{a}, \mu)$, $P(\underline{a}, \mu) = O(\mu|\underline{a}| + |\underline{a}|^2)$, so daß (3.5) für $\varepsilon = 0$ die Form erhält.

$$\partial_x \underline{a} = A_0 \underline{a} + N(\mu, \underline{a}) + O(|\underline{a}|^{k+1}) \tag{4.1}$$

Hierbei ist N polynomial vom Grade k, und es gilt $N(\mu, \underline{a}) = O(\mu|\underline{a}| + |\underline{a}|^2)$ für kleine $|\mu|$ und $|\underline{a}|$. Ferner ist $A_0 + N$ reversibel bezüglich R_0. N kann so gewählt werden, daß für die Poisson-Klammer $\{A_0^*, N\}$ gilt

$$A_0^* N(\mu, \underline{a}) - D_a N(\mu, \underline{a}) A_0^* \underline{a} = 0 \tag{4.2}$$

Ohne den Restterm nennen wir (4.1) die *Normalform zu (3.5)*.
Im konkreten Fall lautet das System (4.2)

$$DN_0 = 0 \quad , \quad DN_1 = N_0 \quad , \quad D := 0 \cdot \partial_{a_0} + a_0 \partial_{a_1}$$

Somit gilt $N_0 = P_0(a_0, \mu)$. Wegen $R_0 N = -N R_0$ ist jedoch $N_0(a_0, \mu) = -N_0(a_0, \mu) = 0$. Damit lautet die Normalform im vorliegenden Fall

$$\partial_x a_0 = a_1 \quad , \quad \partial_x a_1 = \frac{1}{b - \frac{1}{3}} \left(\mu a_0 - \frac{3}{2} a_0^2 - \varepsilon\, p_0(x) \right) \tag{4.3}$$

Wir haben hier die Koeffizienten explizit berechnet und den Term niedrigster Ordnung in ε hinzugefügt (vgl. [8], p. 153). Die vernachlässigten Terme sind von der Ordnung $O(a_0^3 + \mu a_0^2 + \mu^2 a_0)$ für den ε-freien Term und $O(\varepsilon|a| + \varepsilon\mu)$ für den ε-Term in der zweiten Gleichung von (4.3).

Für die schwierigeren Fälle II und III sind die entsprechenden Überlegungen in [5] und [6] durchgeführt worden. Natürlich ist, angesichts der höheren Raumdimension, die Lösungsvielfalt in diesen Fällen größer. Die Wirkung äußerer Druckwellen ist hierfür noch nicht analysiert und, selbst wenn $\varepsilon = 0$ gilt, ist zum Beispiel die Existenz von Solitärwellen im Fall II noch offen. Hingegen ist diese Frage für $(\mu, b) \in$ III positiv beantwortet worden.

Wir kehren zurück zur Diskussion von (4.1). Skaliert man wie folgt:

$$a_0(x) = |\mu| A_0(\xi) \quad, \quad p_0(x) = P_0(\xi)$$
$$\xi = (|\mu|/(b - 1/3))^{1/2} x \quad, \quad \eta = \varepsilon/\mu^2,$$

so erhält man

$$A_0'' - \mathrm{sgn}(\mu) A_0 + \Phi(\mu, A_0) - \eta(P_0(\xi) + O(\mu + \eta)) = 0 \tag{4.4}$$

mit

$$\Phi(\mu, A_0) = \frac{3}{2} A_0^2 + O(\mu).$$

Die Lösungen von (4.4), die über die Skalierung denjenigen von (3.5) entsprechen und wegen des allgemeinen Reduktionssatzes zu Lösungen der vollen Eulerschen Gleichungen führen, erhält man relativ leicht im Fall $\eta = 0$. Man fixiert $\mathrm{sgn}(\mu)$ und setzt sodann $\mu = 0$ in (4.4). Die so erhaltenen Lösungen erweisen sich allesamt, wegen der Reversibilität, als robust gegenüber reversiblen Störungen, können also zu Lösungen der vollen Gleichung (4.4) für kleine $|\mu|$ und $\eta = 0$ fortgesetzt werden. Auf diese Weise erhält man (cf. [5]):

1. *Ist $\mu > 0$, so besitzt (4.1) eine einparametrige Schar homokliner Lösungen. Also existiert für $\lambda < 1$ eine mit λ parametrisierte Schar von Solitärwellen für das physikalische Problem. Es sind dies Depressionswellen.*
2. *Für negatives μ sind alles Lösungen kleiner Amplitude periodisch. Dabei sind diese Lösungen alle nur bis auf Translationen in x eindeutig festgelegt.*

Bezeichnet H die eindeutige gerade, homokline Lösung von (4.1) für $\eta = 0$, $H' = \partial_\xi H$ und H^* die zu H' bezüglich $L^2(\mathbb{R})$ adjungierte Lösung, dann folgt für $A_0 = H + B$

$$B'' - B + D_{A_0}\phi(\mu, H) B + O(B^2) - \eta P_0 + O(\mu\eta + \eta^2) = 0 \tag{4.5}$$

Diese Gleichung wird, als Folge der Autonomie von (4.3) für $\eta = 0$, von H' gelöst. Die Lösbarkeit von (4.5) wird impliziert durch die „Melnikov-Bedingung" (cf. [11])

$$k(\beta) := \int_{\mathbb{R}} H^*(\xi) P_0(\xi - \beta) d\xi + O(\mu + \eta) = 0 \qquad (4.6)$$

Diese Bedingung ist allein auf Grund von Symmetrieüberlegungen erfüllbar; sie garantiert die Existenz eines Schnittpunktes der stabilen und der instabilen Mannigfaltigkeiten des gestörten Sattelpunktes. Die Transversalität des Schnittes folgt aus der Einfachheit der Lösung von (4.6), d. h. aus $k'(\beta) \neq 0$. Jedoch kann, wie wir sogleich zeigen werden, diese Bedingung in keiner algebraischen Ordnung nachgewiesen werden. Weil nämlich H^* wie $\exp(-|\xi|)$ im Unendlichen abklingt, was sofort aus (4.4) folgt, und weil P_0 periodisch ist, verschwindet die rechte Seite von (4.6) in jeder Ordnung von μ. Daher reicht insbesondere die Normalform nicht aus, um die Existenz eines transversal homoklinen Punktes und damit chaotisches Lösungsverhalten nachzuweisen. Wir stellen dies explizit an einem konkreten Fall dar, an dem wir auch einen gewissen Ausweg aus dem Dilemma aufzeigen.
Sei jetzt $\mu > 0$ und $p_0(x) = C \cos qx$ und damit

$$P_0(\xi) = C \cos \omega \xi \quad , \quad \omega = q((b - 1/3)/\mu)^{1/2} \qquad (4.7)$$

so folgt $k(0) = 0$, weil H' und auch H^* ungerade Funktionen sind. Nun ist

$$H(\xi) = \cosh^{-2}(\xi/2)(1 + O(\mu))$$

und folglich gilt

$$k'(0) = -\int_{\mathbb{R}} H^*(\xi) P_0'(\xi) d\xi + O(\mu + \eta) = C\omega^2 \int_{\mathbb{R}} \cosh^{-2}(\xi/2) \cdot \cos(\omega \xi) d\xi + O(\mu + \eta)$$

Der Term niedrigster Ordnung kann über die Residuen der Funktion $4\exp(i\omega z)/\cosh^{-2}(z/2)$ in den Punkten $z_k = (2k+1)i\pi$, $k \in \mathbb{N}_0$, explizit bestimmt werden. Es ergibt sich

$$k'(0) = 2\pi\omega^3 e^{-\pi\omega} / (1 - e^{-2\pi\omega}) + O(\mu + \eta) \qquad (4.8)$$

Weil aber $\omega \sim \mu^{-1/2}$ für festes $b > 1/3$ ist, und weil über die Restterme nichts als die Größenordnungen bekannt ist, kann $k'(0) \neq 0$ aus (4.8) nicht geschlossen werden. Selbst wenn wir die Restterme in höherer Genauigkeit berechnen, etwa durch Taylor-Entwicklungen der Funktionen m und m_1 in (3.2) und die Transformationen auf Normalform explizit bestimmen, werden die Restterme in (4.8) danach auch nur in algebraischer Ordnung von μ und η klein, während die explizit bekannten Terme in jeder algebraischer Ordnung von den Parametern verschwinden.

Ein Ausweg aus diesem Dilemma bietet sich dadurch an, daß man die Frequenz q der äußeren Druckwelle als neuen Parameter einführt. Setzt man nämlich $q/\mu^{1/2} = r$, so ist $\omega = r(b - 1/3)^{1/2}$. Somit kann $k'(0) \neq 0$ bei gegebenem r für alle

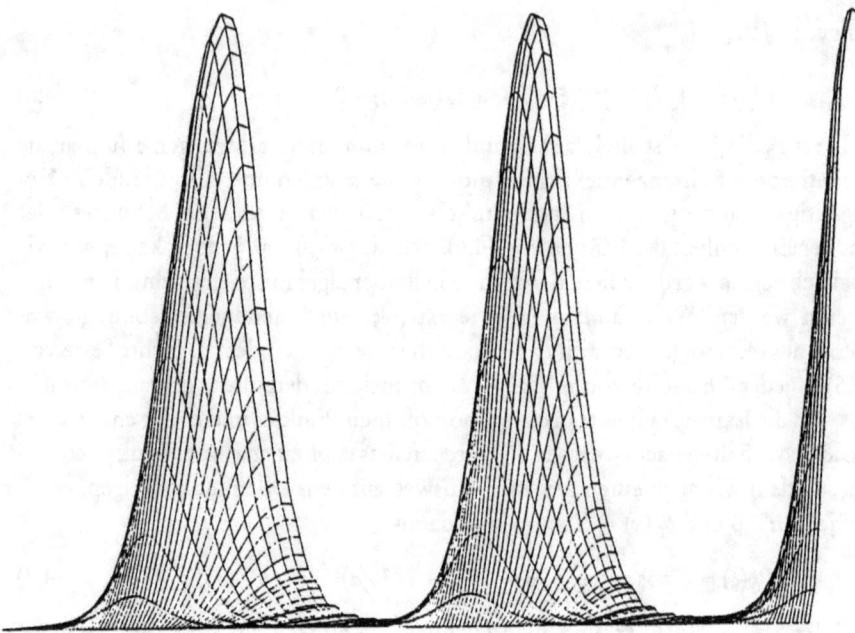

Figur 6: Beispiel für die Struktur einer Welle unter periodischem äußerem Druck

$|\eta| < \eta_0(r)$ und $0 < \mu < \mu_0(r)$ eindeutig gelöst werden. Dies impliziert, daß für $q < r\mu_0(r)^{1/2}$ und $\varepsilon/\mu^2 < \eta_0(r)$ transversal homokline Punkte existieren, die auf der im vorigen Abschnitt konstruierten Mannigfaltigkeit liegen. Daher können die bekannten Ergebnisse über die komplexe Dynamik angewendet werden, die von transversal homoklinen Punkten hervorgerufen wird und in endlich-dimensionalen Systemen gelten [11]. Sie übertragen sich mittels des Reduktionssatzes auf die Lösungen der vollen Eulerschen Gleichungen aus dem Abschnitt 2. Zum Beispiel ist damit gezeigt: Es gibt, falls $b > 1/3$ gilt, und falls $\lambda - 1 > 0$ hinreichend klein ist, Depressionswellen permanenter Form, die eine beliebig vorgebbare Anzahl von Minima der freien Oberfläche aufweisen. Auch die Abstände zwischen den Minima sind in gewissen Grenzen frei wählbar. Figur 6 zeigt in einem speziellen Fall die Struktur der in Richtung der Schwerkraft aufgetragenen freien Oberfläche. Die periodische Riffelung zwischen den Punkten entsteht als Reaktion der Ruhelage auf die periodische Druckwelle. Die vertikale Koordinate ist zur Verdeutlichung des Effekts gestreckt.

Literatur

[1] C. J. Amick, K. Kirchgässner. Arch. Rat. Mech. Anal. **105** (1989), 1.
[2] J. H. Curry et. al. J. Fluid. Mech. **147** (1984), 1.
[3] C. Elphick et. al. Physica **29** D (1987), 95.
[4] V. Franceshini et. al. J. Stat. Phys. vol. 25 (1981), 397, und vol. 35 (1984), 387.
[5] G. Iooss, K. Kirchgässner. To appear in Proc. Roy. Soc. Edinburgh, Section A (1992).
[6] G. Iooss, A. Mielke, Y. Demay. Eur. J. Mech., B/Fluids. **8**, 3 (1989), 229.
[7] K. Kirchgässner. J. Diff. Eqn. **45** (1982), 113.
[8] K. Kirchgässner. Adv. Appl. Mech. **25** (1988), 135.
[9] E. N. Lorenz. J. Atmos. Sci. **20** (1963), 130.
[10] A. Mielke. Math. Meth. Appl. Sci. **10** (1988a), 51.
[11] S. E. Newhouse. Dynamical Systems (1980), 1.
[12] Ruelle-Takens. Comm. Math. Phys. vol. 20 (1971), 167.

Diskussion

Herr Korte: Herr Kirchgässner, Sie haben, als Sie die Reduzierbarkeit des Systems auf den zentralen Teil des Spektrums erwähnten, zweimal die technische Bemerkung gemacht: bei moderater Amplitude. Ist das nur eine technische Voraussetzung oder ist die Annahme der moderaten Amplitude auch substantiell? Ich frage das insbesondere deshalb, weil Sie nachher gesagt haben, daß daraus die Reversibilität folge und daß die Zerstörung der Reversibilität natürlich erst einmal Chaos erzeuge. Ist also die Annahme der moderaten Amplitude – so habe ich es verstanden – eine technisch nicht wesentliche Annahme? Oder ist sie für diese Resultate doch sehr wesentlich?

Herr Kirchgässner: Die Annahme einer moderaten Amplitude der betrachteten Wellen ist substantiell. Man kann sie quantifizieren. Grob gesprochen bedeutet sie, daß das dimensionslose Geschwindigkeitsfeld klein im Vergleich zum Abstand der nichtkritischen Eigenwerte von der imaginären Achse ist. Das Brechen der Reversibilität und damit das chaotische Verhalten der Störung spielt sich in Amplitudenbereichen ab, in denen diese Annahme gültig ist.

Herr Fiebig: Eine Zusatzfrage: Ist das ein Grenzwert, über den das Problem nicht turbulent oder über den das Problem turbulent wird? Oder was für eine Folge hat das?

Herr Kirchgässner: Die Grenze, bis zu der diese Analyse auf festem mathematischen Grund steht, ist methodisch bedingt. Es ist jedoch denkbar, daß beim Überschreiten kritischer Amplitudenwerte neue Phänomene von Bedeutung auftreten, wie zum Beispiel das Brechen der Homogenität in der dritten räumlichen Koordinate.

Herr Hirzebruch: An einer Stelle sprachen Sie von Klassifikation der Wellenformen. Können sie dazu noch etwas sagen?

Herr Kirchgässner: Die hier beschriebene Analyse liefert alle stationären, zweidimensionalen Wellenformen mit kleiner Amplitude, sofern ihre formalen Taylor-entwicklungen um den Ruhezustand nicht identisch verschwinden. Besonders interessant ist diese Frage für die oben genannten Fälle II und III, bei deren Untersuchung eine Reihe neuer Wellenformen gefunden worden ist.

Herr Vasanta Ram: Sie haben vorhin zwischen räumlichem und zeitlichem Chaos unterschieden. An welcher Stelle liegt diese Unterscheidung?

Herr Kirchgässner: In vorliegendem Fall sind, wegen der Galilei-Invarianz, räumliches und zeitliches Chaos einfach verschiedene Aspekte desselben Phänomens. Man erkennt das etwa an den Konsequenzen, welche eine Welle von der Form, wie sie in Figur 6 skizziert ist, für einen mit der Welle bewegten und einen ruhenden Beobachter hat.

Herr Vasanta Ram: Aber warum diese Unterscheidung, wenn es so ist?

Herr Kirchgässner: Wenn Sie die Zeit noch als eine zusätzliche unabhängige Variable ansehen, dann treten noch viel kompliziertere Phänomene auf, als bisher beschrieben. Wir wissen aber, daß Turbulenz zeitliches *und* räumliches Chaos voraussetzt.

Herr Küpper: Herr Kirchgässner, Sie haben anfangs gesagt, daß sie mit numerischen Methoden den Nachweis chaotischen Verhaltens nicht führen können. Können Sie das noch einmal präzisieren?

Herr Kirchgässner: In diesem Fall wäre der Nachweis des chaotischen Verhaltens der Beweis für die Existenz einer einfachen Nullstelle der Melnikov-Funktion. Wir wissen, daß die Ableitung dieser Funktion sich zusammensetzt aus einem explizit berechenbaren Term, der im Parameter jedoch exponentiell klein ist. Von den Korrekturtermen wissen wir nur, daß sie von algebraischer Ordnung im Parameter klein werden. Mit jedem noch so genauen numerischen Verfahren, wird man Fehler von algebraischer Ordnung begehen. Daher ist das Nichtverschwinden der Ableitung der Melnikov-Funktion nicht nachprüfbar.

Herr Küpper: Aber die Melnikov-Bedingung heißt doch, daß Sie einen glatten Durchgang haben.

Herr Kirchgässner: Das ist richtig, was die Existenz eines homoklinen Orbits angeht in bezug auf die C^0-Topologie. In der C^1-Topologie ist er nicht glatt wegen der Transversalität des homoklinen Punktes.

Herr Fiebig: Die Numerik ist nicht fein genug.

Herr Kirchgässner: Ja, so ist es. Es sei denn, sie hätten ein Verfahren, welches für eine Funktion, deren formale Taylorentwicklung in einem Punkt verschwindet, in einer beliebigen Umgebung dieses Punktes entscheiden können, ob eine Nullstelle vorliegt oder nicht.

*Veröffentlichungen
der Rheinisch-Westfälischen Akademie der Wissenschaften*

Neuerscheinungen 1986 bis 1992

Vorträge N
Heft Nr.

NATUR-, INGENIEUR- UND
WIRTSCHAFTSWISSENSCHAFTEN

344	Marianne Baudler, Köln	Aktuelle Entwicklungstendenzen in der Phosphorchemie
	Ludwig von Bogdandy, Duisburg	Kontrolle von umweltsensitiven Schadstoffen bei der Verarbeitung von Steinkohle
345	Stefan Hildebrandt, Bonn	Variationsrechnung heute
346	3. Akademie-Forum	Umweltbelastung und Gesellschaft – Luft – Boden – Technik
	Hermann Flohn, Bonn	Belastung der Atmosphäre – Treibhauseffekt – Klimawandel?
	Dieter H. Ehhalt, Jülich	Chemische Umwandlungen in der Atmosphäre
	Fritz Führ u. a., Jülich	Belastung des Bodens durch lufteingetragene Schadstoffe und das Schicksal organischer Verbindungen im Boden
	Wolfgang Kluxen, Bonn	Ökologische Moral in einer technischen Kultur
	Franz Josef Dreyhaupt, Düsseldorf	Tendenzen der Emissionsentwicklung aus stationären Quellen der Luftverunreinigung
	Franz Pischinger, Aachen	Straßenverkehr und Luftreinhaltung – Stand und Möglichkeiten der Technik
347	Hubert Ziegler, München	Pflanzenphysiologische Aspekte der Waldschäden
	Paul J. Crutzen, Mainz	Globale Aspekte der atmosphärischen Chemie: Natürliche und anthropogene Einflüsse
348	Horst Albach, Bonn	Empirische Theorie der Unternehmensentwicklung
349	Günter Spur, Berlin	Fortgeschrittene Produktionssysteme im Wandel der Arbeitswelt
	Friedrich Eichhorn, Aachen	Industrieroboter in der Schweißtechnik
350	Heinrich Holzner, Wien	Hormonelle Einflüsse bei gynäkologischen Tumoren
351	4. Akademie-Forum	Die Sicherheit technischer Systeme
	Rolf Staufenbiel, Aachen	Die Sicherheit im Luftverkehr
	Ernst Fiala, Wolfsburg	Verkehrssicherheit – Stand und Möglichkeiten
	Niklas Luhmann, Bielefeld	Sicherheit und Risiko aus der Sicht der Sozialwissenschaften
	Otto Pöggeler, Bochum	Die Ethik vor der Zukunftsperspektive
	Axel Lippert, Leverkusen	Sicherheitsfragen in der Chemieindustrie
	Rudolf Schulten, Aachen	Die Sicherheit von nuklearen Systemen
	Reimer Schmidt, Aachen	Juristische und versicherungstechnische Aspekte
352	Sven Effert, Aachen	Neue Wege der Therapie des akuten Herzinfarktes Jahresfeier am 7. Mai 1986
353	Alarich Weiss, Darmstadt	Struktur und physikalische Eigenschaften metallorganischer Verbindungen
	Helmut Wenzl, Jülich	Kristallzuchtforschung
354	Hans Helmut Kornhuber, Ulm	Gehirn und geistige Leistung: Plastizität, Übung, Motivation
	Hubert Markl, Konstanz	Soziale Systeme als kognitive Systeme
355	Max Georg Huber, Bonn	Quarks – der Stoff aus dem Atomkerne aufgebaut sind?
	Fritz G. Parak, Münster	Dynamische Vorgänge in Proteinen
356	Walter Eversheim, Aachen	Neue Technologien – Konsequenzen für Wirtschaft, Gesellschaft und Bildungssystem –
357	Bruno S. Frey, Zürich	Politische und soziale Einflüsse auf das Wirtschaftsleben
	Heinz König, Mannheim	Ursachen der Arbeitslosigkeit: zu hohe Reallöhne oder Nachfragemangel?
358	Klaus Hahlbrock, Köln	Programmierter Zelltod bei der Abwehr von Pflanzen gegen Krankheitserreger
359	Wolfgang Kundt, Bonn	Kosmische Überschallstrahlen
	Theo Mayer-Kuckuk, Bonn	Das Kühler-Synchrotron COSY und seine physikalischen Perspektiven
360	Frederick H. Epstein, Zürich	Gesundheitliche Risikofaktoren in der modernen Welt
	Günther O. Schenck, Mülheim/Ruhr	Zur Beteiligung photochemischer Prozesse an den photodynamischen Lichtkrankheiten der Pflanzen und Bäume („Waldsterben")
361	Siegfried Batzel, Herten	Die Nutzung von Kohlelagerstätten, die sich den bekannten bergmännischen Gewinnungsverfahren verschließen Jahresfeier am 11. Mai 1988

362	Erich Sackmann, München	Biomembranen: Physikalische Prinzipien der Selbstorganisation und Funktion als integrierte Systeme zur Signalerkennung, -verstärkung und -übertragung auf molekularer Ebene
	Kurt Schaffner, Mülheim/Ruhr	Zur Photophysik und Photochemie von Phytochrom, einem photomorphogenetischen Regler in grünen Pflanzen
363	Klaus Knizia, Dortmund	Energieversorgung im Spannungsfeld zwischen Utopie und Realität
	Gerd H. Wolf, Jülich	Fusionsforschung in der Europäischen Gemeinschaft
364	Hans Ludwig Jessberger, Bochum	Geotechnische Aufgaben der Deponietechnik und der Altlastensanierung
	Egon Krause, Aachen	Numerische Strömungssimulation
365	Dieter Stöffler, Münster	Geologie der terrestrischen Planeten und Monde
	Hans Volker Klapdor, Heidelberg	Der Beta-Zerfall der Atomkerne und das Alter des Universums
366	Horst Uwe Keller, Katlenburg-Lindau	Das neue Bild des Planeten Halley – Ergebnisse der Raummissionen
	Ulf von Zahn, Bonn	Wetter in der oberen Atmosphäre (50 bis 120 km Höhe)
367	Jozef S. Schell, Köln	Fundamentales Wissen über Struktur und Funktion von Pflanzengenen eröffnet neue Möglichkeiten in der Pflanzenzüchtung
368	Frank H. Hahn, Cambridge	Aspects of Monetary Theory
370	Friedrich Hirzebruch, Bonn	Codierungstheorie und ihre Beziehung zu Geometrie und Zahlentheorie
	Don Zagier, Bonn	Primzahlen: Theorie und Anwendung
371	Hartwig Höcker, Aachen	Architektur von Makromolekülen
372	János Szentágothai, Budapest	Modulare Organisation nervöser Zentralorgane, vor allem der Hirnrinde
373	Rolf Staufenbiel, Aachen	Transportsysteme der Raumfahrt
	Peter R. Sahm, Aachen	Werkstoffwissenschaften unter Schwerelosigkeit
374	Karl-Heinz Büchel, Leverkusen	Die Bedeutung der Produktinnovation in der Chemie am Beispiel der Azol-Antimykotika und -Fungizide
375	Frank Natterer, Münster	Mathematische Methoden der Computer-Tomographie
	Rolf W. Günther, Aachen	Das Spiegelbild der Morphe und der Funktion in der Medizin
376	Wilhelm Stoffel, Köln	Essentielle makromolekulare Strukturen für die Funktion der Myelinmembran des Zentralnervensystems
377	Hans Schadewaldt, Düsseldorf	Betrachtungen zur Medizin in der bildenden Kunst
378	6. Akademie-Forum	Arzt und Patient im Spannungsfeld: Natur – technische Möglichkeiten – Rechtsauffassung
	Wolfgang Klages, Aachen	Patient und Technik
	Hans-Erhard Bock, Tübingen, Hans-Ludwig Schreiber, Hannover	Patientenaufklärung und ihre Grenzen
	Herbert Weltrich, Düsseldorf	Ärztliche Behandlungsfehler
	Paul Schölmerich, Mainz	Ärztliches Handeln im Grenzbereich von Leben und Sterben
	Günter Solbach, Aachen	
379	Hermann Flohn, Bonn	Treibhauseffekt der Atmosphäre: Neue Fakten und Perspektiven
	Dieter Hans Ehhalt, Jülich	Die Chemie des antarktischen Ozonlochs
380	Gerd Herziger, Aachen	Anwendungen und Perspektiven der Lasertechnik
	Manfred Weck, Aachen	Erhöhung der Bearbeitungsgenauigkeit – eine Herausforderung an die Ultrapräzisionstechnik
381	Wilfried Ruske, Aachen	Planung, Management, Gestaltung – aktuelle Aufgaben des Stadtbauwesens
382	Sebastian A. Gerlach, Kiel	Flußeinträge und Konzentrationen von Phosphor und Stickstoff und das Phytoplankton der Deutschen Bucht
	Karsten Reise, Sylt	Historische Veränderungen in der Ökologie des Wattenmeeres
383	Lothar Jaenicke, Köln	Differenzierung und Musterbildung bei einfachen Organismen
	Gerhard W. Roeb, Fritz Führ, Jülich	Kurzlebige Isotope in der Pflanzenphysiologie am Beispiel des 11_C-Radiokohlenstoffs
384	Sigrid Peyerimhoff, Bonn	Theoretische Untersuchung kleiner Moleküle in angeregten Elektronenzuständen
	Siegfried Matern, Aachen	Konkremente im menschlichen Organismus: Aspekte zur Bildung und Therapie
385	Parlamentarisches Kolloquim	Wissenschaft und Politik – Molekulargenetik und Gentechnik in Grundlagenforschung, Medizin und Industrie
386	Bernd Höfflinger, Stuttgart	Neuere Entwicklungen der Silizium-Mikroelektronik
387	János Kertész, Köln	Tröpfchenmodelle des Flüssig-Gas-Übergangs und ihre Computer-Simultation
388	Erhard Hornbogen, Bochum	Leistungen mit Formgedächtnis
389	Otto D. Creutzfeld, Göttingen	Die wissenschaftliche Erforschung des Gehirns: Das Gesetz und seine Teilen
390	Friedhelm Stangenberg, Bochum	Qualitätssicherung und Dauerhaftigkeit von Stahlbetonbauwerken
391	Helmut Domke, Aachen	Aktive Tragwerke
392	Sir John Eccles, Contra	Neurobiology of Cognitive Learning

ABHANDLUNGEN

Band Nr.

67	*Elmar Edel, Bonn*	Hieroglyphische Inschriften des Alten Reiches
68	*Wolfgang Ehrhardt, Athen*	Das Akademische Kunstmuseum der Universität Bonn unter der Direktion von Friedrich Gottlieb Welcker und Otto Jahn
69	*Walther Heissig, Bonn*	Geser-Studien. Untersuchungen zu den Erzählstoffen in den „neuen" Kapiteln des mongolischen Geser-Zyklus
70	*Werner H. Hauss, Münster* *Robert W. Wissler, Chicago*	Second Münster International Arteriosclerosis Symposium: Clinical Implications of Recent Research Results in Arteriosclerosis
71	*Elmar Edel, Bonn*	Die Inschriften der Grabfronten der Siut-Gräber in Mittelägypten aus der Herakleopolitenzeit
72	*(Sammelband)*	Studien zur Ethnogenese
	Wilhelm E. Mühlmann	Ethnogonie und Ethnogonese
	Walter Heissig	Ethnische Gruppenbildung in Zentralasien im Licht mündlicher und schriftlicher Überlieferung
	Karl J. Narr	Kulturelle Vereinheitlichung und sprachliche Zersplitterung: Ein Beispiel aus dem Südwesten der Vereinigten Staaten
	Harald von Petrikovits	Fragen der Ethnogenese aus der Sicht der römischen Archäologie
	Jürgen Untermann	Ursprache und historische Realität. Der Beitrag der Indogermanistik zu Fragen der Ethnogenese
	Ernst Risch	Die Ausbildung des Griechischen im 2. Jahrtausend v. Chr.
	Werner Conze	Ethnogenese und Nationsbildung – Ostmitteleuropa als Beispiel
73	*Nikolaus Himmelmann, Bonn*	Ideale Nacktheit
74	*Alf Önnerfors, Köln*	Willem Jordaens, Conflictus virtutum et viciorum. Mit Einleitung und Kommentar
75	*Herbert Lepper, Aachen*	Die Einheit der Wissenschaften: Der gescheiterte Versuch der Gründung einer „Rheinisch-Westfälischen Akademie der Wissenschaften" in den Jahren 1907 bis 1910
76	*Werner H. Hauss, Münster* *Robert W. Wissler, Chicago* *Jörg Grünwald, Münster*	Fourth Münster International Arteriosclerosis Symposium: Recent Advances in Arteriosclerosis Research
78	*(Sammelband)*	Studien zur Ethnogenese, Band 2
	Rüdiger Schott	Die Ethnogenese von Völkern in Afrika
	Siegfried Herrmann	Israels Frühgeschichte im Spannungsfeld neuer Hypothesen
	Jaroslav Šašel	Der Ostalpenbereich zwischen 550 und 650 n. Chr.
	András Róna-Tas	Ethnogenese und Staatsgründung. Die türkische Komponente bei der Ethnogenese des Ungartums
	Register zu den Bänden 1 (Abh 72) und 2 (Abh 78)	
79	*Hans-Joachim Klimkeit, Bonn*	Hymnen und Gebete der Religion des Lichts. Iranische und türkische Texte der Manichäer Zentralasiens
80	*Friedrich Scholz, Münster*	Die Literaturen des Baltikums Ihre Entstehung und Entwicklung
82	*Werner H. Hauss, Münster* *Robert W. Wissler, Chicago* *H.-J. Bauch, Münster*	Fifth Münster International Arteriosclerosis Symposium: Modern Aspects of the Pathogenesis of Arteriosclerosis
83	*Karin Metzler, Frank Simon, Bochum*	Ariana et Athanasiana. Studien zur Überlieferung und zu philologischen Problemen der Werke des Athanasius von Alexandrien
84	*Siegfried Reiter / Rudolf Kassel, Köln*	Friedrich August Wolf. Ein Leben in Briefen. Ergänzungsband, I: Die Texte; II: die Erläuterungen
85	*Walther Heissig, Bonn*	Heldenmärchen versus Heldenepos? Strukturelle Fragen zur Entwicklung altaischer Heldenmärchen
86	*Hans Rothe, Bonn*	*Die Schlucht.* Ivan Gontscharov und der „Realismus" nach Turgenev und vor Dostojevski (1849–1869)
87	*Werner H. Haus, Münster* *Robert W. Wissler, Chicago* *H.-J. Bauch, Münster*	Sixth Münster International Arteriosclerosis Symposium: New Aspects of Metabolism and Behaviour of Mesenchymal Cells during the Pathogenesis of Arteriosclerosis

Sonderreihe PAPYROLOGICA COLONIENSIA

Vol. IV: *Ursula Hagedorn und Dieter Hagedorn, Köln, Louise C. Youtie und Herbert C. Youtie, Ann Arbor*
Das Archiv des Petaus (P. Petaus)

Vol. V: *Angelo Geißen, Köln*
Wolfram Weiser, Köln
Katalog Alexandrinischer Kaisermünzen der Sammlung des Instituts für Altertumskunde der Universität zu Köln
Band 1: Augustus-Trajan (Nr. 1–740)
Band 2: Hadrian-Antoninus Pius (Nr. 741–1994)
Band 3: Marc Aurel-Gallienus (Nr. 1995–3014)
Band 4: Claudius Gothicus–Domitius Domitianus, Gau-Prägungen, Anonyme Prägungen, Nachträge, Imitationen, Bleimünzen (Nr. 3015–3627)
Band 5: Indices zu den Bänden 1 bis 4

Vol. VI: *J. David Thomas, Durham*
The epistrategos in Ptolemaic and Roman Egypt
Part 1: The Ptolemaic epistrategos
Part 2: The Roman epistrategos

Vol. VII
Kölner Papyri (P. Köln)

Bärbel Kramer und Robert Hübner (Bearb.), Köln — Band 1
Bärbel Kramer und Dieter Hagedorn (Bearb.), Köln — Band 2
Bärbel Kramer, Michael Erler, Dieter Hagedorn und Robert Hübner (Bearb.), Köln — Band 3
Bärbel Kramer, Cornelia Römer und Dieter Hagedorn (Bearb.), Köln — Band 4
Michael Gronewald, Klaus Maresch und Wolfgang Schäfer (Bearb.), Köln — Band 5
Michael Gronewald, Bärbel Kramer, Klaus Maresch, Maryline Parca und Cornelia Römer (Bearb.) — Band 6

Vol. VIII: *Sayed Omar (Bearb.), Kairo*
Das Archiv des Soterichos (P. Soterichos)

Vol. IX
Kölner ägyptische Papyri (P. Köln ägypt.)
Dieter Kurth, Heinz-Josef Thissen und Manfred Weber (Bearb.), Köln
Band 1

Vol. X: *Jeffrey S. Rusten, Cambridge, Mass.*
Dionysius Scytobrachion

Vol. XI
Wolfram Weiser, Köln
Katalog der Bithynischen Münzen der Sammlung des Instituts für Altertumskunde der Universität zu Köln
Band 1: Nikaia. Mit einer Untersuchung der Prägesysteme und Gegenstempel

Vol. XII: *Colette Sirat, Paris u. a.*
La *Ketouba* de Cologne. Un contrat de mariage juif à Antinoopolis

Vol. XIII: *Peter Frisch, Köln*
Zehn agonistische Papyri

Vol. XIV: *Ludwig Koenen, Ann Arbor*
Cornelia Römer (Bearb.), Köln
Der Kölner Mani-Kodex.
Über das Werden seines Leibes. Kritische Edition mit Übersetzung.

Vol. XV
Jaakko Frösen, Helsinki/Athen
Dieter Hagedorn, Heidelberg (Bearb.)
Die verkohlten Papyri aus Bubastos (P. Bub.)
Band 1

Vol. XVI
Robert W. Daniel, Köln
Franco Maltomini, Pisa (Bearb.)
Supplementum Magicum
Band 1
Band 2

Vol. XVII
Reinhold Merkelbach,
Maria Totti (Bearb.), Köln
Abrasax. Ausgewählte Papyri religiösen und magischen Inhalts
Band 1 und Band 2: Gebete

Vol. XVIII
Klaus Maresch, Köln
Zola M. Packmann, Pietermaritzburg, Natal (eds.)
Papyri from the Washington University Collection, St. Louis, Missouri

Vol. XIX:
Robert W. Daniel, Köln (ed.)
Two Greek Magical Papyri in the National Museum of Antiquities in Leiden

GPSR Compliance

The European Union's (EU) General Product Safety Regulation (GPSR) is a set of rules that requires consumer products to be safe and our obligations to ensure this.

If you have any concerns about our products, you can contact us on

ProductSafety@springernature.com

In case Publisher is established outside the EU, the EU authorized representative is:

Springer Nature Customer Service Center GmbH
Europaplatz 3
69115 Heidelberg, Germany